博 物 之 旅

智慧点亮生活

科学发明

芦 军 编著

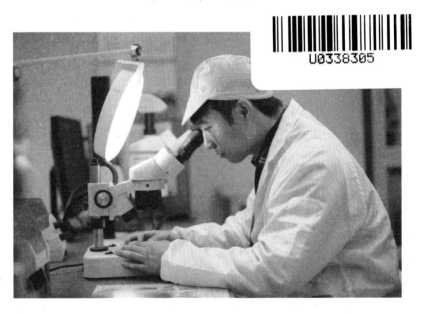

安徽美术出版社
全国百佳图书出版单位

图书在版编目（CIP）数据

智慧点亮生活：科学发明 / 芦军编著. —合肥：
安徽美术出版社，2016.3（2019.3重印）
（博物之旅）
ISBN 978-7-5398-6687-1

Ⅰ.①智… Ⅱ.①芦… Ⅲ.①科学技术—创造发明—少儿读物
Ⅳ.①N19-49

中国版本图书馆CIP数据核字（2016）第047101号

出 版 人：唐元明　　　　责任编辑：史春霖　张婷婷
助理编辑：刘 欢　　　　　责任校对：方 芳 刘 欢
责任印制：缪振光　　　　版式设计：北京鑫骏图文设计有限公司

博物之旅

智慧点亮生活：科学发明
Zhihui Dianliang Shenghuo Kexue Faming

出版发行：安徽美术出版社（http://www.ahmscbs.com/）
地　　址：合肥市政务文化新区翡翠路1118号出版传媒广场14层
邮　　编：230071
经　　销：全国新华书店
营 销 部：0551-63533604（省内）0551-63533607（省外）
印　　刷：北京一鑫印务有限责任公司
开　　本：880mm×1230mm　1/16
印　　张：6
版　　次：2016年3月第1版　2019年3月第2次印刷
书　　号：ISBN 978-7-5398-6687-1
定　　价：21.00元

目录

火车

    最早的火车是蒸汽机车。1804年，英国的工程师特里维雪克制造出一台单缸的蒸汽机车，牵引着5节车厢，以8千米的时速在轨道上行驶。当时这种机车使用煤炭或木炭生火做燃料，所以人们叫它"火车"。

    10年后，英国锅炉工斯蒂芬森设计制造的蒸汽机车"半

筒靴"号试车成功，这是第一辆实用的蒸汽机车。1825年，斯蒂芬森经过多次改进，又制造出了"动力"号蒸汽机车。同年9月27日，世界上第一条铁路——达林顿铁路正式开通，在这条铁路开通的庆典中，他亲自驾驶"动力"号火车，以20千米的时速，牵引了48吨重的车厢驶完全程，开创了铁路运输的新纪元。

汽车

　　汽车是一种能自行驱动的无轨车辆，原称自动车。后来因为装有汽油机，就简称为汽车，沿用至今。

　　18世纪，由于军事上的需要，法国陆军炮兵大尉尼可拉斯·约瑟夫·丘尼约奉命研制大炮的牵引车。1769年，他在巴黎兵工厂制成一号车，但开不动，试制失败；1771年5月，他成功研制出二号车，可坐4人，时速可达9.5千米。

　　这辆第一部不用马拉的木制三轮车长7.2米，宽2.3米。在前轮前面特制的架子上悬吊着一个0.05立方米的大锅炉，产生的蒸汽被送往前轮上方左右垂直悬挂的汽缸内，带动两个活塞使前轮转动。车子开动时，

浓烟和蒸汽同时向上蒸腾，十分壮观。它是历史第一部"自动车"，也是世界上最早的蒸汽汽车，意义非凡。

1826年，勃朗在英国制造成功世界上第一辆真正的内燃引擎汽车。这辆汽车是两汽缸式，性能很好，不仅能在平坦的大道上奔驰，而且还能翻越陡坡。

1879年，德国人卡尔·本茨经过多年的反复实验，终于成功地将单缸发动机装到三轮车上，发动机每秒转动400次，能产生0.89马力，时速13~16千米，这是世界上最早的汽油汽车。本茨也因此被称为"汽车之父"。

"三栖" 汽车

瑞士某汽车公司在一次展览会上展出了世界上首辆既可在陆地上行驶又可以在水面浮游，乃至在空中飞行的汽车。

这种水陆空三栖汽车的动力组合机组是一台容积为750立方厘米的双汽缸发动机，其最大功率为140匹马力。该车在陆地上行驶的最大速度接近200千米/小时，而从静止加速到

100千米/小时仅需5.9秒。在水面上浮游时速度大约为50千米/小时。

　　这种汽车在"小艇"状态时利用专门"翼片架"和液压控制系统进行操纵，汽车的"翼片"或"翅膀"可以不脱离水面，同时能进行短距离空中滑行。

汽船

　　最早发明汽船的人是美国工程师菲奇。菲奇在发明第一艘汽船之后，没有申请发明专利，当然更没有向人们公布他的发明，因而他的汽船并未引起关注。

　　真正产生重大影响，取得建树的是美国另一位工程师——富尔顿，他被人们认为是发明汽船的先驱。富尔顿早年曾在英国和其他一些造船比较发达的西欧国家进行过技术考察。1803年，他在巴黎发明了第一艘以瓦特蒸汽机为动力，以浆轮为推进方式的船，并于

同年在塞纳河下水试航。这艘汽船在逆水航行时，其速度已超过在河岸上快步前进的行人。但是由于瓦特蒸汽机刚刚被引上船，因此它的推进系统还不够完善，航速和稳定性方面都还不够理想。由于在法国试制的第一艘汽船未能取得应有的成功，富尔顿因此濒于破产。

由于无法继续在法国进行汽船的研制工作，富尔顿只好回到美国。在回到美国之后，他得到了发明家利文斯顿的资助。这使富尔顿得以继续进行汽船的研制工作。

1806年，富尔顿正式开始他的第二艘汽船的建造工程。经过一年多的紧张施工，一艘名为"克勒蒙号"的汽船终于建成了。

　　后来，人们发现船航行的速度太慢，而速度越快，水的阻力就越大，为了消除水的阻力影响，英国发明家科克莱尔发明了气垫船。

自行车

　　自行车是当下必不可少的交通工具和重要的运动器具。这种灵便的交通工具并不是某一个人发明的，而是人们在前人的基础上不断改进而成的。

　　1790年，法国的希布拉克做成了一个木制的自行车。但它只是现在自行车的一个木头模型，没有脚蹬、车把、链条和车闸。骑在它上面，只有用双脚交替着前进，转弯时还得把它提起来。

　　1813年，德国的德列斯发明了车把，虽然自行车得到了改进，

但还是得用双脚踏地前进，没有形成交通工具的特征。

1839 年，英国的麦克米兰发明了脚蹬，但装在前轮上，交替蹬着前进，就像现在的儿童车。但车子行进速度有了显著的提高。

1880 年，法国的基尔梅发明了链条。8 年后，英国的邓禄普发明了充气轮胎。这时，自行车才进入定型阶段。

后来，经过不断改革，就有了现在各式各样的自行车。

机器人

机器人是一种能模拟人的部分功能的自动机械，一般会行走和操作生产工具。

20世纪50年代，美国发明家德沃尔和英格伯格合作设计出了第一台工业机器人。他俩还合办了世界上第一家机器人制造工厂。

机器人的一切活动都是在人们事先编排好的程序指令下进行的。机器人可以看得见东西，是因为人们为它安装了模仿人视觉器官的"视觉系统"，它的眼睛就是摄像机，实际上是由电脑系统来控制的。机器人看到东西，先让摄像机把物体拍摄下来，再将图像转变成电信号传送给电脑，再由电脑对之进行识别。也就是说，机器人只能够根据人们的程序设计进行相应的活动，而不能像人脑那样可以自己分析事物。

机器人能听懂人讲话，是因为人们为它安装了像人那样的"听觉器官"。虽然机器人的"听觉"没有人的耳朵那样精密和复杂，但是两者的听觉原理基本上是相同的。

机器人的"耳朵"是听觉传感器，它能对声音产生反应，并把信号传到"听觉区"。为了实现人与机器

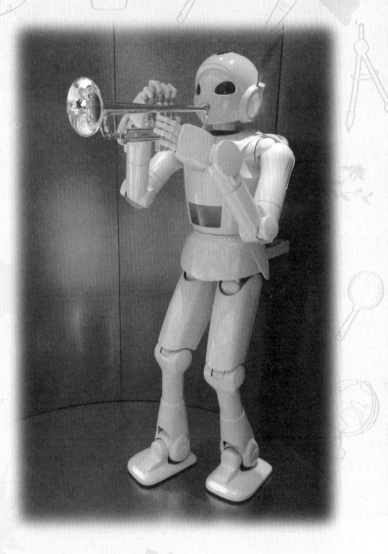

人的对话，首先应用标准语言与机器人进行交谈；其次必须限定对话中所使用的词汇量，还必须有一个"大脑"——电脑，以便机器人理解和判断所听到声音的含意。只有这样，机器人

才能真正听懂人讲的话。

现在，一般的机器人都会按照程序识别语言和图像，并做出适当的反应。世界上越来越多的机器人，将会给我们的生产和生活带来很大影响。

吸尘器

　　吸尘器给人们的生活带来极大的便利。首先，吸尘器不像扫帚那样一扫地就灰尘飞扬，它环保清洁，有利于呼吸道卫生。其次，吸尘器用途广泛，不仅可以清扫地面，还可清扫地毯、墙壁、各种家庭摆设和家具，以及用扫帚难以扫到的缝隙，甚至花卉和衣物上的灰尘也可吸干净。最重要的一点是节省了

人力，大大提高了工作效率。

吸尘器的工作原理是：在吸尘器的刷座里有一个电机，它通过皮带带动转刷旋转，把尘埃及脏物搅打起来，称为起尘。吸尘桶里有高速风扇进行强力抽吸，通过软导管和硬导管使刷座对外界形成高负压。于是，起尘的尘埃和脏物便被吸进刷座，并经导管吸到滤尘器中。经过滤尘器里的集尘袋过滤后，尘埃和脏物被集尘袋收集，而空气被风扇叶片从集尘袋抽出，经过电机重新进入室内空间。在经过电机时带走电机的部分热量，起散热作用。

太阳能热水器

太阳的能量是无穷无尽的，人们想把太阳强大丰富的能量聚集起来为我所用，于是太阳能热水器应运而生。

太阳能热水器根据颜色越深越容易吸收热量的道理，通过表面的吸热层吸收太阳强大的热量，然后加热，冷水就变成

热水了。

在生活中人们可以自己做简易的太阳能热水器。找一个废弃的汽油桶，把油桶的外面刷满沥青，然后封闭油桶，里面加水。经过太阳一天的暴晒，到晚上时你会发现从油桶里面流出来的水是热的。简单易用，不妨试试看。

圆珠笔

　　在华特曼发明自来水笔 4 年后的 1888 年，美国的劳比发明出一种完全不同于自来水笔的新式笔。这种笔在笔尖上装有一个圆珠，书写时，随着圆珠的滚动，就会把墨水留在纸上。这就是人们通常所说的"圆珠笔"。但由于技术问题，劳比的

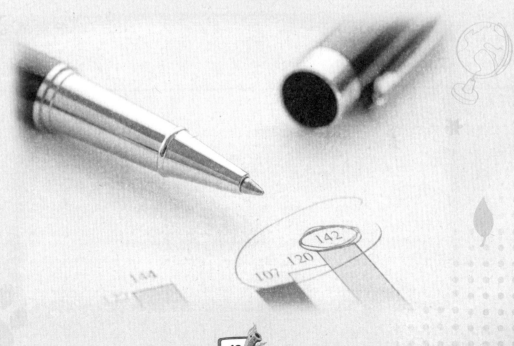

发明没有成功。

1943 年，匈牙利一个印刷厂有一名校对员叫拉兹罗·约瑟夫·比克，他发现机器上刚印好的清样含水分多，用自来水笔改正，会发生浸润模糊的现象。为了克服这种现象，他便经常琢磨使用各种办法来进行改进。比克找来一根圆管，装上液质颜料，把笔尖改成钢珠，使其书写流畅，从而制成了世界上第一支圆珠笔。后来，他将这项发明提供给了英国皇家空军，于是第一批商业化的圆珠笔便由英国的一家飞机制造厂生产出来了。

活字印刷术

在宋朝时，我国图书事业盛行雕版印刷。雕版印刷就是把字刻在整块硬质木板上，再用它来印书。这种方法费工费料，一笔刻错就要整版丢弃重来，耗尽了刻工们的心血。

毕昇看到这种情况，心里很着急，他决心改变这种落后的印刷术。他总结了前人的经验，经过反复实验，终于发明了活字印刷术。这就是在一个个胶泥做成的规格一致的小方块上，刻上凸出来的反手单字，用火烧硬就成了单个胶泥活字，然后再排版印刷。

这些活字可以反复使用，从而大大提高了印刷速度和质量。这种方法很快传遍了世界，使印刷技术发生了巨大的变革。因此，他被称为"活字印刷术之父"。

无影灯

　　根据常识，由于光沿直线传播，当光照射到不透明的物体上时，在物体的后面就会形成阴影，也就是我们通常说的影子。

　　把一个不透明的杯子放在水平桌面上，旁边点燃一支蜡

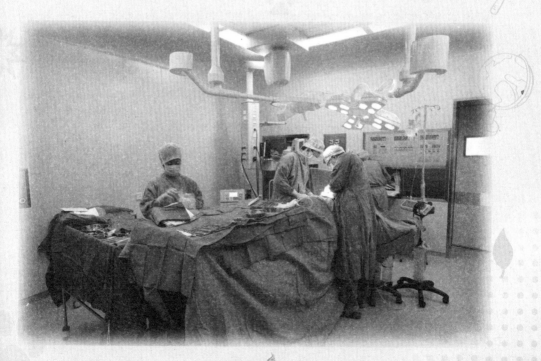

烛，杯子后面就会投下清晰的影子。如果在杯子旁点燃两支蜡烛，就会形成两个相叠而又不重合的影子，两个影子相叠部分完全没有光线射到，因而是全黑的，这就是本影；本影旁边只有一支蜡烛可照到的地方，就是半明半暗的半影。如果点燃3支、4支或更多蜡烛，本影部分就会逐渐缩小，半影部分就会出现很多层次，也逐渐变得很淡。如果我们在杯子的四周点上一圈蜡烛，这时本影就消失了，而半影也淡得看不见。

　　无影灯就是根据这个原理设计的，它把发光强度很大的几个灯在灯盘上排列成圆形，合成一个大面积的光源。这样光线就能从不同的角度照射下来，下面就能产生无影的效果。医院手术室就是运用无影灯，使医生无论什么位置做手术都不会受阴影的干扰。

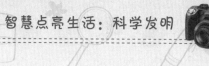

导弹和火箭

许多人不明白导弹和火箭的区别，简单地说，导弹都是火箭，但火箭却不一定是导弹。也就是说，导弹只是火箭中的一种。

在军事上，把依靠火箭发动机推进的飞行器称为火箭，因为绝大多数导弹都是用火箭发动机推动的，所以，导弹也属于火箭。火箭根据能否对其飞行施加控制而分为有控火箭和无控火箭。携带爆炸火药

的军用有控火箭就叫作导弹。

　　发射人造卫星和宇宙飞船的火箭也是可以控制的，但是它们并不携带炸药，没有破坏力，不属于武器，因此不能称为导弹。

一箭多星

　　一箭多星指的是用一枚火箭将两颗及以上的卫星送入太空。1960年，美国首次用一枚火箭发射了2颗卫星；1961年，又实现了用一枚火箭发射3颗卫星。苏联多次用一枚火箭发射8颗卫星。欧洲空间局在我国成功发射一箭三星之前，把一颗气象卫星和一颗试验卫星用一枚火箭送到了太空。

　　1981年9月20日，我国成功地用一枚运载火箭把3颗卫星同时送入地球轨道。这就标志着我国

是世界上第四个掌握一箭多星技术的国家。一箭多星是一种比较先进的技术，因为准备一次火箭发射，需要消耗大量的资金和人力，一箭多星能够降低成本，节省人力物力，取得较多的效益。况且在近地的同一轨道上，需要2颗以上的卫星在绕地运行的过程中互相配合地进行探测，一箭多星就是比较好的方式了。

第一颗人造地球卫星

　　人造卫星就是人类人工制造的卫星，科学家把它发射到预定的轨道，使它环绕地球或其他行星运行，以进行探测或科学研究。世界上第一颗人造卫星是苏联于 1957 年发射成功的。

　　1955 年 4 月 15 日，苏联宣布科学院天文研究所成立空间科学组，后来又建立了国家宇宙探测委员会。1956 年，苏联导弹 USSR-1 发射成功。1957 年 10 月 4 日，世界上第一颗人造地球卫星"旅行者号"在苏联的拜克尔发射场由 USSR-1

三级火箭送上轨道。这个直径 58 厘米、重 83.6 千克的金属球体，每 96.2 分钟绕地球一周。它带有测量温度、压力的仪器，并利用两台无线电发射装置发射信号，来研究电离层的结构。

　　一个月后，苏联又将第二颗卫星"旅行者二号"送上轨道，这颗比第一颗重，而且还将一条叫作"莱卡伊"的狗连同科学仪器一起送上太空。

　　发射成功一颗人造卫星就相当于人类在太空设立了一个实验室或通讯、情报站。地面上的人类通过遥控这颗人造卫星来完成宇宙观测、广播通信等工作。

飞机

飞机是现代重要的交通工具之一，也是最快的交通工具。1903年，美国的莱特兄弟研制出了带有发动机的飞机，并试飞成功，开辟了航空史的新纪元。

鸟类因为有翅膀才能飞翔，飞机也因为有了类似翅膀的机翼而能够飞上天。

　　机翼的关键在于它上凸下平的翼剖面，通常称为流线型的机翼。空气流经上翼面时，气流受挤，流速加快，压力减小，甚至形成吸力。而流过下翼面的气流流速减慢。上下翼形成的压力差就是空气动力，它可以按飞机方向分解成向上的升力和向后的阻力。阻力由发动机提供的推力克服，升力正好克服飞机自身的重力，将飞机托在空中。

防弹衣

　　古代战争中如果士兵穿上盔甲，就可以保护身体。但是这些盔甲对今天的子弹是不起作用的，今天的士兵要靠穿防弹衣来保护自己。

　　防弹衣的防弹作用有二：一是将弹体碎裂后形成的破片弹开；二是通过防弹材料消释弹头的动能。防弹衣能够防弹是

由它的特殊材料决定的。防弹衣是用陶瓷玻璃钢复合材料和高性能纤维制作的。这些陶瓷玻璃钢复合材料每块有15平方厘米，分别安插在衣服的前胸和后背上紧密相连的小口袋里。

当子弹打中时，玻璃钢片将撞击力传遍整个防弹衣，使冲击力分散，达到防弹的效果。

太空保障系统

  1961 年 4 月 12 日，苏联宇航员加加林乘坐"东方 1 号"宇宙飞船，绕地球飞行一周，历时 108 分钟，成为世界上第一位进入太空的宇航员。从那以后，进入太空的宇航员越来越多，在太空中停留的时间也越来越长，航天任务也越来越复杂。但

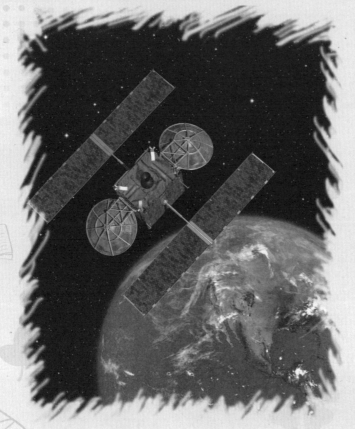

是太空毕竟和地球上的生活环境不同，为了使宇航员的生活一切正常，顺利完成各项任务，载人航天器上必须设置生命保障系统。

生命保障系统分为固定式和便携式两种。固定式生命保障系统装在航天器的密闭舱内，它使密闭舱内的温度维持在20摄氏度左右，气压接近1个标准大气压，空气中氧气的成分为21%左右，氮气为78%左右，与地球上的大气接近。它还有净化空气的功能，随时清除二氧化碳，并保证供应充足的水。同时，它还具有对生活废物的收集和处理功能。

宇航员在进行舱外作业时则需要使用便携式生命保障系

统，也就是通常所说的宇航服。

载人航天器的生命保障系统除了包括压力、温度、湿度、供氧和空气分配等控制系统外，还设有宇航员的饮食、休息、睡眠、排泄等日常生活保障系统。

太空电梯

太空电梯的理论很简单，其主要部件是一根钢缆，一头拴在大洋中的平台上，另一头则连在3.5万千米高空的卫星上。一旦投入使用，今后国际空间站需要的部件，以及"畅游太空"的人类，都将通过这条缆绳被拉上高空，然后再将其"弹射"进入太空轨道。这样将物体送入太空的成本只是目前各种运载工具开销的"零头"。

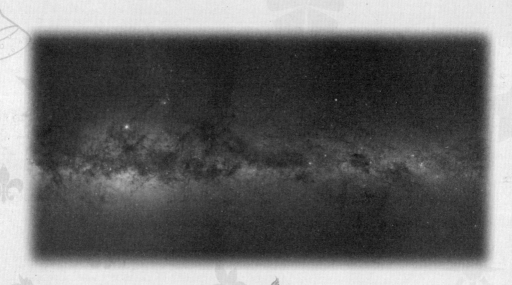

技术方面，美国专家说目前电梯模型已经完成，并初步锁定纳米材料。因为太空电梯要承受超强压力，专家认为采用石墨纳米管是最佳选择。美国某家公司已经成立了由科技界名流组成的技术顾问团，投入约 1300 万美元进行相关问题的研究，研究重点是石墨纳米管对太空环境的适应度，尤其是对太空垃圾的承受力。

隐形飞机原理

　　隐形飞机之所以能够隐形，首先是飞机制造上选用了先进的隐形材料。它是用铁氧体和绝缘体烧成的一种复合材料。它既不反射雷达波，又能够吸收电磁波。电磁波碰到它以后，转化成热能被吸收了。雷达收不到反射波，也就发现不了它。其次，隐形飞机还采用了一系列高新技术，如降红外线辐射技

术、降噪音技术、电子干扰技术等。

　　舰艇也能隐形，一是使用舰艇模拟器，以假乱真达到隐形的目的；二是在受到攻击时，释放烟雾隔阻潜艇的噪音，然后逃脱；三是发射大量黏胶金属颗粒，形成假潜艇目标进行逃脱。

电子词典

全世界有上千种语言，人们在进行交流时，遇到的最大障碍就是语言不通。而电子词典可以在很短的时间内将各种语言翻译出来。

电子词典的运用简单快捷，比如想把一个汉字翻译成英文，先按"英/汉"键，然后将需要翻译的汉字输入进去，屏幕上很快就会出现与此相对应的英文。有的词典还可以把翻译

出来的英文读出来，有的可以自动纠正输入时的拼写错误，找出所要的正确答案。

电子词典还有其他语言互译的功能，比如日汉互译、俄汉互译等，但大多数用的是英汉词典。

其实电子词典里有一台每秒钟运行上百万次的微电脑，电脑里输有多种语言互译的程序。就英汉电子词典而言，它的程序里就是输入了英语词典。电子词典的质量好坏很大程度上取决于生产商输入词典的质量，以历史悠久和释义权威而并称英语世界三大词典的分别是牛津、朗文、韦氏词典。当然，要想用这样的词典还需要从词典的权威出版机构获得授权。

测谎仪

　　20世纪20年代，美国心理学家马斯顿发明了能够同时记录多个生理参数的仪器，也就是所谓的测谎仪。

　　现代使用的测谎仪一般包括呼吸传感器、皮电传感器、血容量传感器和血压传感器。一个人在说谎时，不管他是否经过特殊训练，其生理上都会产生不正常的运行状况，比如呼吸急促或故意屏气，心率加快，体表微微出汗，血压升高等。这些现象在表面很难看出来，但是通过四种传感器则很容易检测出来。

　　有关材料表明，我国自己研制的PJ-1型测谎仪准确率高达99%。测谎仪除了运用

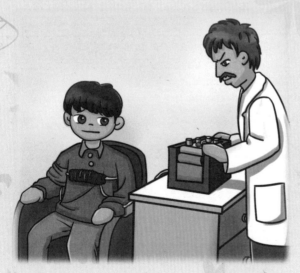

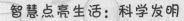

到特工、军方外，还在案件侦查中发挥了独特的力量，降低冤案的发生率。

为了人们在生活中少受欺骗，目前，国外科学家正在研制可以装在太阳镜上的测谎仪。

液晶屏幕

　　液晶是1888年奥地利生物学家莱尼茨尔在实验中发现的。它在一定温度范围内呈现既不同于固态、液态，又不同于气态的特殊物质态，是一种介于固体与液体之间，具有规则分子排列的有机化合物，既具有晶体所具有的各异性造成的双折射性，又具有液体的流动性。

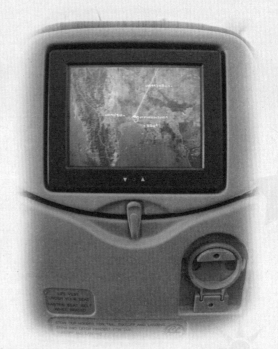

　　液晶的主要用途就是制作液晶显示器，包括电视机屏幕、电脑显示幕、街上巨大的变色广告等，这些显示器就叫液晶屏幕。

　　液晶屏幕的显像原理

是将液晶置于两片导电玻璃之间，靠两个电极间电场的驱动，引起液晶分子扭曲向列的电场效应，以控制光源透射或遮蔽功能，在电源关开之间产生明暗而将影像显示出来，若加上彩色滤光片，则可显示彩色影像。

纳米材料

　　纳米是长度单位，10 万纳米加起来的长度才相当于头发丝的直径。纳米材料是用晶粒尺寸为纳米级的微小颗粒制成的各种材料，其纳米颗粒的大小不等，通常是 1~10 纳米，最多不能超过 100 纳米，所以纳米材料人眼是看不到的。

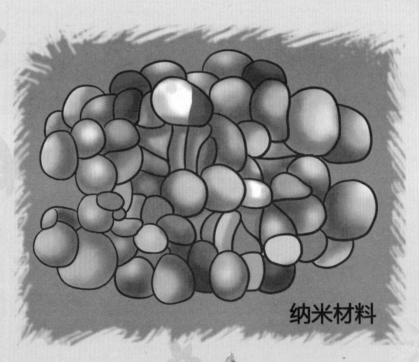

纳米材料

纳米材料是纳米技术应用的基础，而纳米技术则被世界公认为 21 世纪最有前途的科研领域。纳米铁材料的韧性比一般铁高 12 倍，气体在纳米材料中的扩散速度比在普通材料中快几千倍，纳米磁性材料的磁性也比普通的磁性材料高 10 倍。

超导

在通常情况下，电流通过导体时，由于存在电阻，就会有相当一部分电流被消耗掉。科学家把在一定条件下，有些导电材料的电阻突然消失的现象称为"超导"。

1911年，荷兰科学家卡·翁纳斯在实验中发现，水银在零下269摄氏度左右呈超导现象。他是发现超导现象第一人。当时发现的超导体只有在极低的温度下才能工作，所以难以推广使用。因此，科学家们有了新的目标——寻找可以在较高温度下工作的超导体。

　　科学家们认为，超导和灯泡的发明一样重要，而它所影响的范围更加广泛。如果能找到常温下的超导体，并在应用方面能有所突破，它必将给工业和技术进步带来一场革命，我们的生活也会发生深刻的变化。

爱迪生的遗憾

观察和发现问题本身也含有创造的成分。发明大王爱迪生仅仅在观察上少了一步，就与二极管的发明失之交臂。

1883 年的一天，爱迪生进行了一项著名的实验：他为了阻止当时电灯泡中碳丝的蒸发，延长灯泡的寿命，在灯泡内另外封进了一个金属片。反复实验之后，碳丝仍然"短命"，但是他却从中发现了一个奇怪的现象：金属片在连正极时，有微弱电流向灯丝方向流去，连负极时，电流停止。这种现象便是著名的"爱迪生效应"，它是这

位发明家一生中最大的成就之一。根据这一效应，人们制造了电流计、电压计等。可是，伟大的爱迪生这时却漏掉了同样重大的发现机会，他只观察到了表面的效应，而没有进一步观察原因，不知道自己实际上已制成了第一只电子管。20年后，英国科学家弗莱明想起了爱迪生的实验，据此他于1904年发明了二极管。一步之差，差了20多年。人们不禁感叹：如果爱迪生当时再深入观察一步的话，电学的历史或许就要重写了。

洗衣机

洗衣机洗衣的时候，机器的波轮转动使洗涤剂与衣服之间、衣服与衣服之间、衣服和筒壁之间发生摩擦，起到搓揉、拍打的作用，把衣服洗干净。

首先，充满于波轮间的水，被高速甩向桶壁，并沿桶壁旋转，然后又流回到波轮附近。这样，在波轮附近形成了以波轮为中心的涡流。衣物在

涡流的作用下，做螺旋式回转，吸入中心后又被甩向桶壁，不断地与桶壁发生摩擦，污垢被迫脱离衣物。

其次，当衣物被放进洗涤液之后，由于惯性作用运动缓慢，在水流与衣物之间存在着速度差，使得两者发生相对运动，水流与衣物便发生相对摩擦，这种水流冲刷力同样有助于污垢离开衣物。

还有一个原因，由于洗衣桶形状的不规则，当旋转着的水流碰到桶壁后，其速度和方向都发生了改变，形成湍流。在湍流的作用下，衣物无规则地翻滚，衣服里的纤维不断被弯曲、绞扭和拉长，衣物相互摩擦，增大了洗涤的有效面积，衣物洗得更均匀干净。

数码相机

　　传统相机使用胶卷作为其记录信息的载体，而数码相机是用电子式的感光器件代替胶卷记录图片。感光器现在有两种，主要使用的是一种特殊的半导体材料，这类特殊的半导体叫作电荷耦合器，简称CCD。它能把景物反射的光线转变成电荷，通过模数转换器芯片转换成数字信号，数字信号经过压缩以后由相机内部的闪速存储器或内置硬盘卡保存，因此不用胶卷。

　　由于景物在数码相机

里已经变成数字化信息，所以人们能轻而易举地把数据传输到计算机里，并借助于计算机的处理手段，根据需要和想象来修改图像，也可以用激光或喷墨打印机打印出来。

潜水艇

人们都见过水中游来游去的鱼，它忽而在水面，忽而钻到水下无影无踪。鱼是依靠体内的鱼鳔来控制沉浮的，当鱼鳔压缩时，体积就小了，鱼体的比重相对增加，鱼就下沉了；当鱼要上浮时，鱼鳔吸入空气，体积变大，鱼体比重相应变小，鱼就浮出水面了。潜水艇的发明，就是从鱼的上浮下沉中得到启示的。

很久以前，人们看见鱼在水中自由地游动时，就曾幻想：要是我们人类也能像鱼类那样自由自在地在海底遨游，那该多好啊！

这一梦想终于被荷兰物理学家科尼利斯·德雷布尔实现了。1620年，他在英国建成了第一艘潜水船。这艘船用木材做骨架，外面包了层牛皮，船内装有羊皮囊。只要打开皮囊，让海水流入，船身就开始下潜，一旦挤出皮囊中的水，船身就会上浮。

现在的潜水艇能够沉浮的关键，就在于将它设计成内外两个空壳的双层艇体，内外空壳之间有若干压载水舱，都装有排水阀。如果潜水艇要下沉，就放水进舱，来增加舱体的重力而下沉；如果潜水艇要上浮，就排去各压载水舱的水，来增加舱体的浮力而上浮。所以，潜水艇能够在海水中自由沉浮。

可视电话

可视电话，简单地说就是我们在接听电话的时候，通话双方不仅能够听到彼此的声音，而且能够看到彼此形象的现代化通讯仪器。

可视电话一般由三部分组成：电话机、电视摄像机和屏幕显示器。电话接通后，电视摄像机便开始工作，摄取通话人的形象传给对方，屏幕显示器便出现了对方的图像。

实际上，我们现在所使用的可视电话多指慢扫描可视电话。一般每隔半分钟传送一幅画面，电视信号的频率也只是电视广播的千分之一。慢扫描可视电话可以用音频载波，传送图

像恰好适用于普通电话的频率范围，所以，使用三条普通电话线就可以实现远距离传输可视通话了。

由于慢扫描可视电话占用的线路少，使用十分经济、方便，所以在我国主要用于电话会议，既可闻声见人，又可以形象直观地展示图表、文件、实物等。在西方发达国家，可视电话还广泛应用于家庭图像通信，成为现代家庭常用设备之一。

复印机

拿着照片到复印店，几秒钟我们的照片就会被复印出来。其实不仅是照片，一些证书、票据或工程设计图纸，都可以在复印机中复印出来。

复印机是根据静电正、负电荷互相吸引的原理制成的。复印可分直接复印和间接复印两种。直接复印时，先让复印纸按图案文字颜色深浅，分别带上相应静电荷，深处电荷密，浅处电荷稀，形成一张与图文颜色深浅相对应的静电图像。然后，让带有异性电荷的墨粉直接被静电图像吸引，深的地方吸引的墨粉多，浅的地方墨粉少，再通过热压，将墨粉黏附在复印纸上，一份复印件就出来了。

还有一种更加方便的间接复印法，是在由硒材料制成的"硒鼓"上，先形成静电图像，让墨粉吸附在上面，再转印到复印纸上，形成复印件。采用这种复印方法，对复印用纸没有特殊要求，即使是普通纸张也能复印出来。

观察太阳的"眼镜"

在地球上，太阳每天都会东升西落，照亮大地，给人类带来光明和热量。太阳是太阳系的中心天体，也是距离地球最近的恒星。

太阳就像是一个炽热的大火球，它的核心每秒钟燃烧400多万吨气体。所以，想要进一步了解太阳的情况，是不可能仅

凭着一双肉眼来观察的。

光学望远镜是天文学家们用来观测太阳光球表面的；射电望远镜是用来观察太阳日冕内部的气体运动情况的。由于太阳的紫外线和X射线会被地球的大气吸收，人们发射的火箭和人造卫星就到大气层外观测它们的情况。

日冕仪是专门用来观察太阳大气情况的光学望远镜，它设有遮掩面，可以造成人为的日食，便于观测。位于美国亚利桑那州的麦克马思望远镜是世界上最大的太阳望远镜。

避雷针

在高大的建筑物如高耸的烟囱、摩天大楼等上面装上避雷针，可以避免遭受雷击，这是因为雷电容易集中于高耸孤立的物体上。

雷雨云的云底带电，能使地面发生感应，并使地面产生

与云底电性不同的电荷，称为感应电荷。这种感应电荷在小范围的地面上是同一性质的。同种性质的电荷是相互排斥的，这种排斥力沿地面方向的分力，在弯曲得厉害的地方比平坦一些的地方小，所以电荷就会移动到弯曲得厉害的地方去。于是在弯曲得厉害的地面上，感应电荷就多一些。高耸的物体，作为地面的组成部分，就成为地面上最弯曲的一部分，当地面受到雷雨云的感应产生感应电荷时，在高耸的物体上就集聚了较多的电荷，对闪电的引力大，就很容易把闪电拉过来。所以遇到雷雨天气时，不要在大树、电线杆等高耸物体下躲雨，否则有可能遭雷击。

指南针

　　不管是轮船在大海上航行，还是飞机在高空中翱翔，都需要用罗盘来指明方向。而罗盘正是由指南针发展而来的。

　　早在战国时期，我们的祖先就知道把磁石加工后用来指南；后来又制成磁化的鱼形小钢片，放在水面上指南。这些都是早期的指南针，使用起来很不方便也很不准确。直到南宋时，

人们把指南针用线挂起来，下面放着标有方位的圆盘，以后又组装成罗盘。13世纪，指南针开始传入欧洲，那里的人们也使用指南针来导航了。

水泥

水泥是现在房屋建造的主要材料。

古时候没有水泥，人们用黏土加草建房子。3600 年前，古埃及人用熟石膏加河沙和水制成石膏砂浆建造了金字塔。众所周知的万里长城是用石灰、砂、黏土制成的石灰混凝土建造而成的。

最早使用水泥的是古罗马人，他们把火山灰、黏土、石灰加水搅拌起来做水泥，建造了雄伟壮观的神庙和大剧场。18 世纪，英国人用石灰岩、黏土烧制出了水泥。随着时代的不断前进，水泥的种类也越来越多，耐热混凝土、防辐射混凝土、膨胀混凝土、抗震混凝土等纷纷问世。

　　用这些水泥建造的房屋，结实牢固，美观大方，而且性能也越来越好。

望远镜

望远镜是由意大利科学家伽利略发明的。伽利略一生不畏强权，追求科学真理，在许多领域中都很有成就，不愧为"近代科学之父"。

伽利略从小就善于观察、思考和实践。1608 年，伽利略听说有个做眼镜的人，制造了一种奇妙的仪器，能看清远处的物体。他从中得到启发，就想把这种仪器改造一下，用来观察天空中的星星和月亮，探索宇宙的奥秘。他经过反复钻研和动手实验，终于在一年后制成了人类历史上第一架能放大 32 倍的天文望远镜。后来，他利用这架望远镜观测天象，取得了许多天文学的重大发现。

最早的显微镜是在1590年由眼镜制造商人詹森发明的。但他当时并没有发现显微镜的真正价值，所以未能引起世人的重视。90年后，显微镜又被荷兰的列文虎克研制成功，并开始真正应用于科学研究。

列文虎克从小就对放大镜感兴趣，并用心钻研这方面的

技术。1665 年，他制成了一块直径仅 0.3 厘米的小透镜，将它镶在一个架子上，又在小透镜下装了块铜板，上面钻了个小孔，使光线从里面透出来，再反射出观察的东西。这台显微镜的放大倍数是当时的世界之首。后来，他又研制出来可以放大 300 倍的显微镜。

1675 年，列文虎克用显微镜观察雨水，发现水中有很多生物。后来，他又用显微镜发现了红血球和酵母菌，成为世界上第一个发现微生物的人，从此打开了微生物世界的大门。

摆钟

1582年,意大利比萨教堂内,一群善男信女正在顶礼膜拜,而一位年轻的大学生却在走廊里盯着挂在教堂中央的大吊灯流

连忘返。这位大学生就是意大利伟大的物理学家、力学家伽利略。

风把这盏灯吹得摇摆不停,这种经常发生的现象从未引起任何人的注意,然而却引起了这位大学生的好奇和思索。因为他注意到:吊灯一来一回摆动所需要的时间是一样的。他将灯的摆动与自己脉搏的跳动做了比较，发现摆动的周期同振幅并没有关系，用现代语言来说就是具有等时性。

发现了这一规律之后，伽利略很快就决定应用它。在此后无数次的实验中，他都利用摆的等时性来测量时间和运动，并试图利用这一特性来设计短时间速度不变的齿轮驱动装置。然而，直到晚年的时候，他仍然仅仅是做了设计图，并没有制造出钟表。伽利略逝世以后，荷兰物理学家惠更斯根据伽利略的理论，制造出了带钟摆的时钟。

微波炉

1946 年，美国雷声公司的研究员斯潘瑟在一个偶然的机会发现微波溶化了糖果，证明了雷达的微波辐射能引起食物内部的分子振动，从而产生热量。经过一番设计研究，第一台微波炉于 1947 年问世。

微波是一种电磁波，这种电磁波的能量比通常的无线电波大得多，碰到金属就会发生反射，还可以穿过玻璃、陶瓷、塑料等绝缘材料而能量不减。但是它的克星却是水，微波遇到有水

分的食物，不但不能透过，其能量反而会被吸收。

　　微波炉正是利用微波的这些特性制作的。微波炉的金属外壳可以阻挡微波从炉内逃出，装食物的容器则用绝缘材料制成。微波炉的心脏是磁控管，磁控管的电子管是个微波发生器，它能产生每秒钟振动频率为 24.5 亿次的微波。这种肉眼看不见的微波，能穿透食物达 5 厘米深，并使食物中的水分子剧烈运动而升温，从而使食物能在很短的时间内烹熟。

无线电通讯

德国的赫兹是"电磁波的报春人"。1888年，他成功地进行了电磁波的发生和接收实验，而当别人提出利用电磁波进行无线电通讯的设想时，他却否定了这种可能。事隔不到10年，马可尼根据电磁波的原理成功地发明了无线电通讯，并由此而获得了诺贝尔奖。

马可尼19岁时就听说赫兹发现了电磁波的消息，于是开始了对无线电通讯的研究。在实验室里，他用银粉末和镍粉末制造出了粉末检波器，并且坚持每天做实验。经过一个多月的努力，他终于完成了电磁波的发送和接受实验。接着，他又将赫兹振荡器挂在高柱子上，并且一端连接一金属板作天线，另一端连接埋入地下的金属板作地线，通过对连接有天、地线的通信装置的观察，得出了天线越高，装置的灵敏度也越高的结论。1895年，他在自家窗户和2400米远的山丘之间进行了通讯实验，获得了成功。

留声机

　　"把声音贮存起来"，在爱迪生发明留声机以前，这是前人想都不敢想的事情。但是爱迪生做到了。

　　很多发明都是在一个偶然的机会中创造的，留声机也是如此。一次，爱迪生为改正电报上的一个装置，不小心将一个针尖触到了正在滑动的电报带上，电报带上刻有线和点的符号，因此发出了类似音乐的嗡嗡声。这一意外的发现，引起了爱迪生的重视。

　　爱迪生最后选择用锡箔敷在圆筒上，让这个圆筒沿水平方向转动，再把装在振动膜上的划针压在圆筒上，人对着

振动膜大声讲话，划针就在转动的锡箔上划下刻纹。刻完后，把划针放回原来的位置，再次旋转圆筒时，声音便又重现出来，而且重现的声音和原来人大

声讲话的声音一模一样。这样，留声机成为世界上最早的录音装置。

啤酒

啤酒现在成了人们生活中必不可少的饮料。可是，第一瓶啤酒的出现纯属偶然。

据说在 1000 多年前，有一个意大利人用麦芽和一种植物的花一起煮粥喝，喝不完就盛在罐子里，准备第二天喝。正在这时，他接到消息说丈母娘去世了，于是赶快带着妻儿去丈母娘家料理丧事。

十几天后，他们才回到家中。当他想起那罐粥时，妻子说这么多天了，肯定坏了，倒掉算了。但是，

当他打开罐子时，一股清香顿时扑鼻而来，他感到很奇怪，想着：粥坏掉的话不该是这种味啊？于是，他小心翼翼地尝了一口："啊，真好喝！"

妻子感到很吃惊，也尝了一口，也点头说好喝。两人就开始研究到底是怎么回事，聪明的妻子想到：一定是粥和那种植物的花一起发酵了，就变成了现在这种饮料。

于是，他们就把那种植物的花取名为啤酒花，并采来很多，做出很多这样的饮料到市场上去卖。就这样，啤酒很快传开了，而且做啤酒的工艺也被后人改进了。

颜料的产生

　　自然万物均拥有其特定的色彩。欣赏、感受大自然的美丽色彩，不能不说是人类之大幸。

　　这种与生俱来的特权并未将人类禁锢和停留在享受色彩所带来的愉悦之中。从古至今，创造色彩、应用色彩一直与人类对自然色彩的享用并行不悖。人造色彩不仅丰富了自然色彩，而且在拓展人类色彩视野的同时，也使人类在日常生活中对色彩的直接应用成为可能和必要。

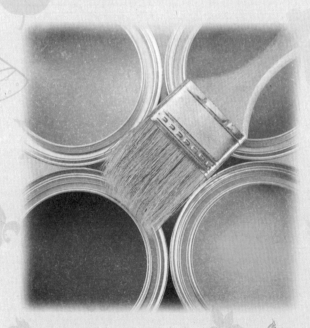

　　人类一直从大自然中寻找并提炼颜色，我们姑且称之为自然色

彩。25000 多年前的洞窟壁画是早期颜料应用的实例，黝黑的炭色，粉亮的白垩，灰腻的泥土已将人类的意念与情感挥洒。自此，人类于大自然中得到颜色的行为一发而不可收。名目繁多的植物以及岩石、贝类等，无一不成为我们人类祖先极尽探索之能，猎取并尝试得到颜色的对象。这些较为原始的色彩取于自然，并且不断地加速演化着，直到 20 世纪化学合成颜料的发明，人类对色彩的主观驾驭实现了一次质的飞跃，这便是化学合成颜料给色彩世界带来的一场大革命。

机械手

也许有一天你会看到，在交通拥挤的时候，开车的人下了车，从车尾的行李箱中取出一副巨大的金属构架，把它垂在

自己身上，用它扛起车子就走。在理论上这是可能的，因为工程师们开发出来的机械手能给人以巨人般的力量。有一种带有控制杆和联动装置的构架，人们可以把它绑在自己的手臂、腰和腿上，以此来"放大"自己的运动。这种构架能灵巧地模仿人的

行为，而力量却远远超过人，因而使用者能轻而易举地举起半吨以上的物件。

还有一种不需人的肌肉操纵的机械手，它能贮存200个识别行为。只要把操作程序输入它的磁带，它就能记住并且重复操作。它能一天24小时连续工作，其前后一致性和准确性超过最好的工人。